图说
电力安全生产
十条禁令

张瑞兵　主编

中国电力出版社

CHINA ELECTRIC POWER PRESS

内 容 提 要

　　本书是一本关于电力企业员工安全教育的小画册，书中采用十个小场景，分别反映了无票作业、违章指挥、不系安全带高处作业、特种作业无证上岗，非工作班成员参加工作、擅自扩大工作范围、使用不合格特种设备、使用不合格脚手架及外包工程队伍以包代管的安全隐患，以及导致的血的教训，警示员工牢记此十大安全禁令。

　　本书采用形象的绘图和简短的对话，便于员工学习、领会基本的安全要求，本书读者对象为电力企业员工，是落实安全责任，开展安全教育培训，增强员工安全意识，切实提高安全技能的首选读物。

图书在版编目（CIP）数据

　　图说电力安全生产十条禁令／张瑞兵主编 . —北京：中国电力出版社，2017.5（2021.5 重印）

　　ISBN 978-7-5198-0774-0

　　Ⅰ . ①图… Ⅱ . ①张… Ⅲ . ①电力工业－安全生产－图解　Ⅳ . ① TM08-64

　　中国版本图书馆 CIP 数据核字（2017）第 100660 号

出版发行：中国电力出版社
地　　址：北京市东城区北京站西街 19 号（邮政编码 100005）
网　　址：http://www.cepp.sgcc.com.cn
责任编辑：宋红梅（010-63412383）
责任校对：闫秀英
装帧设计：郝晓燕　赵姗姗
责任印制：蔺义舟

印　　刷：三河市万龙印装有限公司
版　　次：2017 年 5 月第一版
印　　次：2021 年 5 月北京第二次印刷
开　　本：880 毫米 ×1230 毫米 32 开本
印　　张：0.875
字　　数：17 千字
印　　数：3001—5000 册
定　　价：15.00 元

本书编委会

主　编　张瑞兵

参　编　王卫军　郭文华　盛于蓝

　　　　彭海峰　蒲大森

前　言

　　近年来，全国安全生产形势总体平稳，但电力行业安全风险突出，重特大事故仍有发生。2016 年全国发生电力人身伤亡事故 54 起，死亡 141 人，与 2015 年比都有所增长，安全形势严峻。

　　总结分析安全生产事故起因及暴露问题，主要表现在安全责任不落实，安全规章制度执行不严格，作业安全教育培训不到位，员工安全意识不强等。鉴于以上情况，编者总结系统企业近年来发生的人身事故，针对暴露出的主要管理漏洞，提出十条禁令，并以漫画形式，简单、直接、生动地刻画了违章的危害，同时也反映了管理者或监护人执行制度、规范不严格、不坚决、不果断对事故发生的间接促成作用。

　　本书通过十个小场景，分别反映无票作业、违章指挥、不系安全带高处作业、特种作业无证上岗、非工作班成员参加工作、擅自扩大工作范围、使用不合格特种设备、使用不合格脚手架及外包工程队伍以包代管的危害，便于员工学习、领会相关安全要求，提高安全防范意识，落实安全制度，执行安全规程，教育效果明显，代表性突出。

十条禁令是全国数十万电力员工身边事故的总结归纳，既有血的教训，又是智慧的结晶。严格执行禁令是对亡者的追思，是对伤者的尊重，更是对业内员工的爱护。十条禁令不是安全禁区的全部，只是事故多发区的缩影。

本书读者对象是电力企业员工，是落实安全责任，开展安全教育培训，增强员工安全意识，切实提高安全技能的首选读物。

编写组

2017.2

目　录

主要人物介绍

老马：电力企业员工，安全意识淡薄，做事不认真负责，马马虎虎，是企业安全教育的重点对象。

小严：电力企业员工，安全意识强，工作中严格遵守安全规章制度，是强化安全教育的榜样。

小吴：电力企业新入职员工，对安全知识缺乏全面的了解，工作中有点盲从，需加强安全知识的学习。

一　严禁无票作业

任何人员都无权无票作业，现场作业必须做到100%开票。

唉，终于调好了！

我去办结工作票，你们收拾一下。

好像有个数据不对啊！

老马，小吴已经办结工作票了，如果再检查，按照两票规定需要重新办理工作票，否则属于无票作业。

我再看看啊。

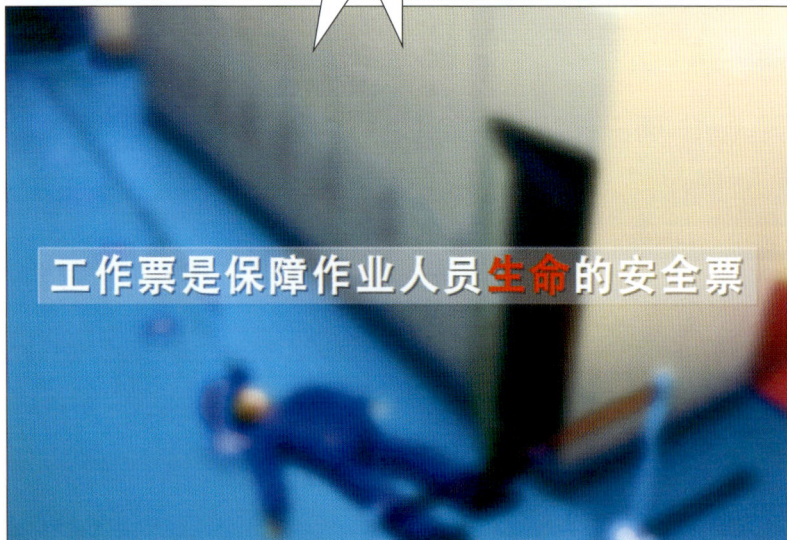

二 严禁违章指挥

各级领导都不得违反安全生产规程、制度和有关规定。

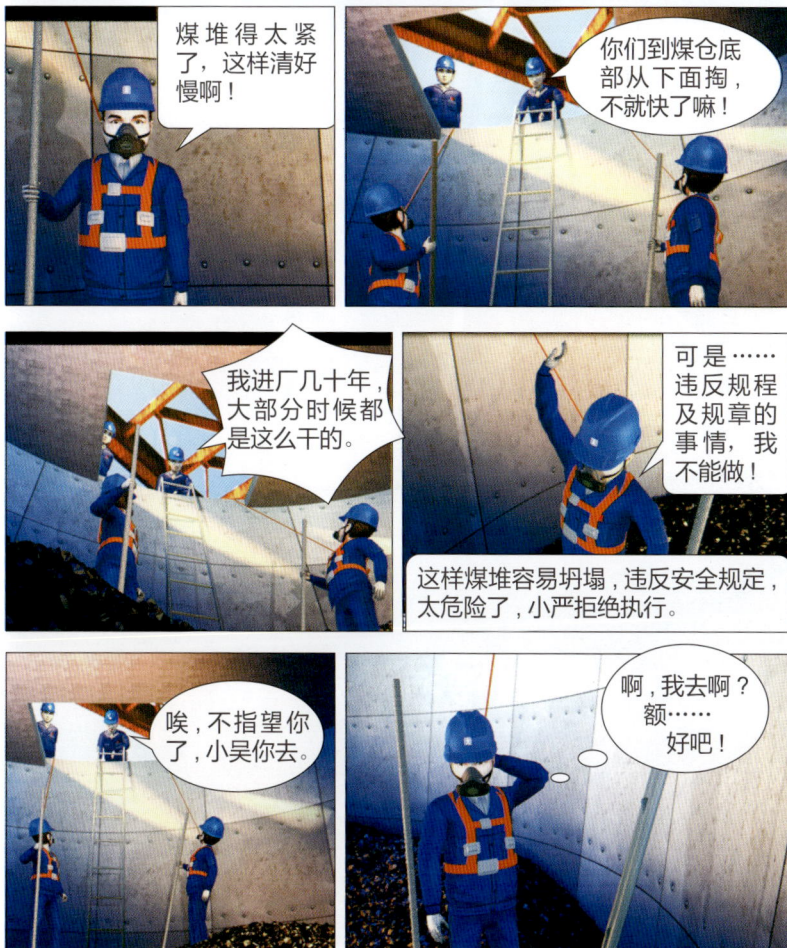

煤堆得太紧了，这样清好慢啊！

你们到煤仓底部从下面掏，不就快了嘛！

我进厂几十年，大部分时候都是这么干的。

可是……违反规程及规章的事情，我不能做！

这样煤堆容易坍塌，违反安全规定，太危险了，小严拒绝执行。

唉，不指望你了，小吴你去。

啊，我去啊？额……好吧！

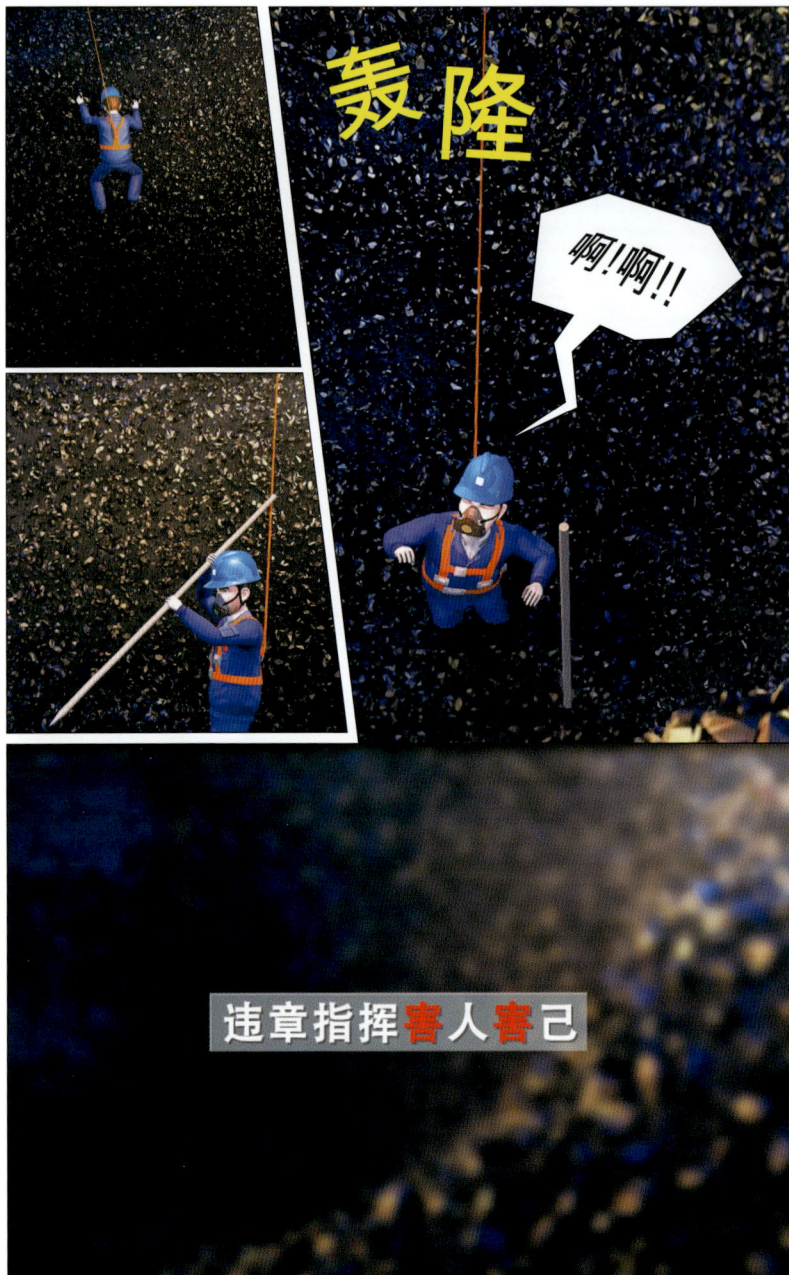

轰隆

啊！啊！！

违章指挥害人害己

三 严禁不系安全带高处作业

凡是从事高处作业的人员，都必须使用安全带。

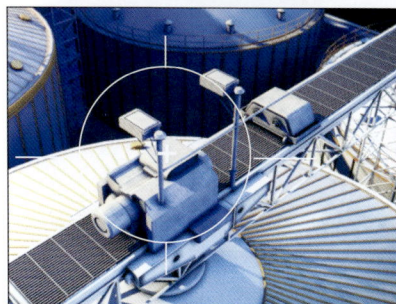

咦，小严，那边好像有些不对劲！

系个安全带真麻烦，就两步路，解开了过去！

我过去看看哈！

老马解开安全带，徒步走过去。

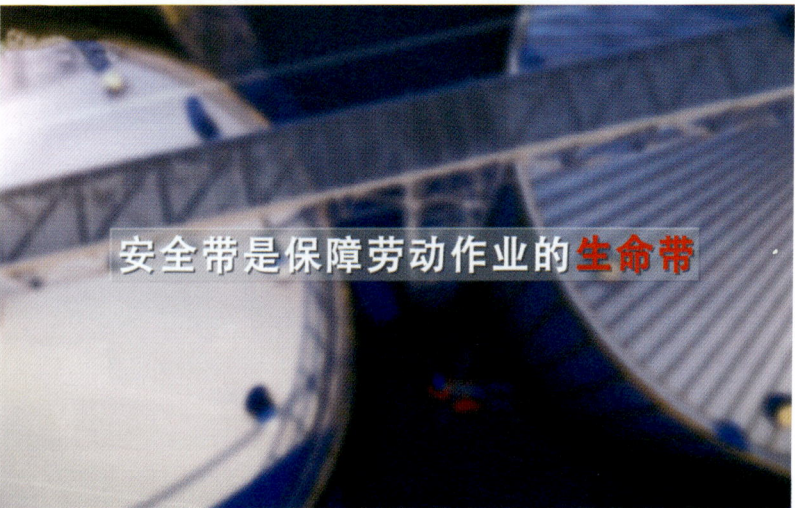

四　严禁不戴安全帽进入现场

任何人员进入生产现场（办公室、控制室、值班室和检修班组室除外），必须戴好安全帽。

哎，今天怎么这么热啊！

小严，这天真热啊！

老马，进入生产现场必须戴安全帽啊，快戴上！

你个死心眼，我马上就去库房了。

库房里戴什么安全帽啊，天能塌下来啊！

此时老马正好站在运煤栈道下，突然，一块巨大的煤块晃动跌落下来……

哎哟！

老马！你醒醒!!

正确佩戴安全帽是防止物体**打击头部**的有效措施

五　严禁特种作业无证上岗

特种作业人员必须接受专门的安全技术培训，经考核合格取得特种作业操作证后，方可从事特种作业。

特种作业人员必须**持证上岗**

六 严禁非工作班成员参加作业

非工作班成员不得进入现场参加作业，工作前工作班成员必须掌握危险点分析与控制措施，并签字承诺。

某水电站内，老马和小严负责维修排水泵电动机，设备确定已停电，维修顺利进行。突然，小严肚子不舒服想去上厕所。

有我在你放心，快去快回啊！

小吴，小严上厕所去了，你来帮帮忙！

我一个人太慢了！

老马，我不是你们工作班的，这不合规矩！

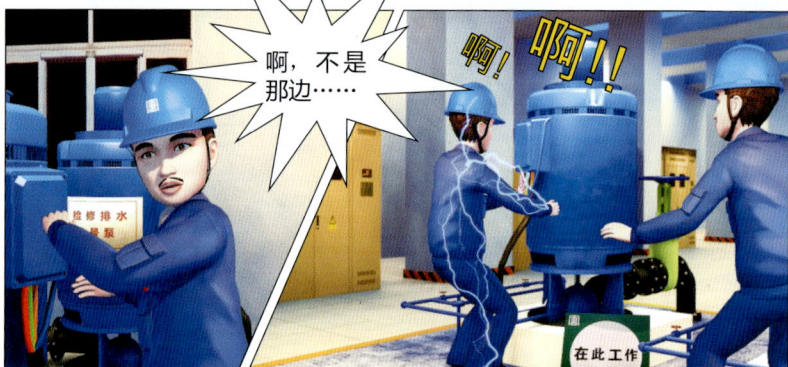

七　严禁擅自扩大工作范围

工作地点及内容应具体、明确，现场作业人员不得超范围作业，工作负责人必须在作业现场履行监护职责。

小吴，你先干着啊！

老马和小吴正在进行 10kV 母线清扫作业。

老马作为工作监护人有点心不在焉，一边监护一边玩手机。

上部电缆已经扫干净了，下部还这么脏。

要不我把下部也清扫了。

可是下部电缆有没有断电呢？

我是新人不懂啊！

八　严禁使用不合格特种设备

特种设备应符合有关安全技术规范及标准，严禁使用未经定期检验或检验不合格的特种设备。

嘿···嘿···

用力推！

老马，我们搬是搬不动了，我去找个推车过来。

哎，那多麻烦，这里正好有电葫芦，我们用它吧。

老马，这个电葫芦已经过了检验期。

现在正在等待定检，葫芦上都没有定检合格证。

有现成的设备不用，自己搬得搬多久？小吴，你来指挥，我操作。

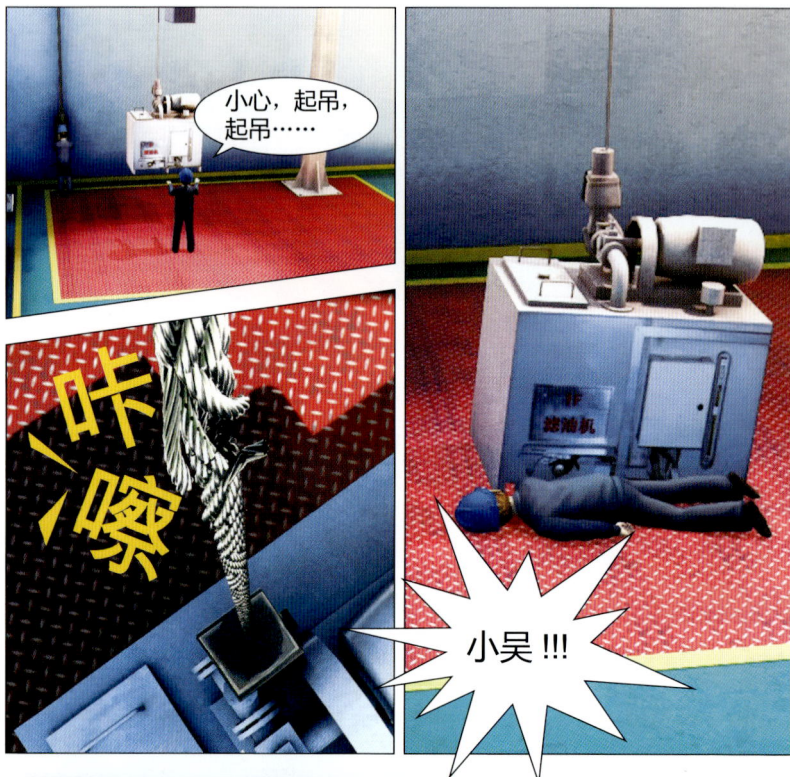

九　严禁使用不合格脚手架

脚手架验收合格后，应在显著位置悬挂验收合格牌，不得使用未经验收或者验收不合格的脚手架。

老马和小严负责生产现场的检修工作，旁边的工友刚搭建好了脚手架……

小严，我先上去了哈！

等检验员来验收了脚手架，我们再上去，好不好！

没验收就爬上去我不放心啊！

哎，我说你个死心眼，你还不放心我！

可是这不符合规定。

老马熟练的攀爬上脚手架，结果，一支撑杆未固定牢固……

合格的脚手架是高空作业安全的基础

十　严禁外包工程队伍以包代管

发、承包工程必须依法签订合同及安全协议，明确双方安全责任，严禁"以包代管"。

协议你们都看清楚了，在这里签字。

一外包队伍负责锅炉电除尘消缺工作，老马在办公室与外包施工人员订安全协议。

你们待会上工要注意安全！

我这里工作比较忙，没时间在现场一直盯着你们。

好好，你十万个放心！

我有点事，你们先在门口等着。

自己注意安全啊，我十分钟就回来。

工人等了一会后见老马还没回来，就摸索着走进照明条件极差的烟道内。

好黑呀，看不清啊……

烟道深处……

哎呀！

走在前方的工人跌落 9.5m 高的烟道竖井中，闻讯而来的老马抱头痛哭。

安全责任是包不出去的